Bar (P)

MÉMOIRES

——

L'INFLUENCE DE LA POSITION DE LA FEMME
SUR LA FORME, L'INCLINAISON
ET LES DIMENSIONS DU BASSIN

NOTE PRÉSENTÉE AU CONGRÈS D'AMSTERDAM

Par M. Paul BAR.

——

Les rapports qui ont été présentés sur cette question au Congrès international de gynécologie et d'obstétrique (3ᵉ session), par MM. Walcher, de Stuttgard; Pinzani, de Pise; Lebedeff et Bartoszewicz, de Saint-Pétersbourg; Bonnaire, de Paris, et Bué, de Lille, portent sur trois points :

1° L'historique des travaux publiés sur les modifications apportées aux dimensions du bassin par les attitudes diverses de la femme ;

2° L'étude de ces modifications ;

3° Leurs conséquences, au point de vue de la pratique obstétricale.

I. — HISTORIQUE

Sur le premier point, je dirai peu de chose ; j'avais relevé, dans la traduction française du rapport de M. Walcher qui nous a été distribuée, la phrase qui la termine : « *Avant la première publication de M. Walcher, personne au monde ne soupçonna que les dimensions du bassin peuvent être modifiées en changeant la position de la femme.* »

Je crus tout d'abord à une erreur de traduction ; il me paraissait impossible que M. Walcher, qui a si longuement étudié les questions afférentes à ce point de physiologie, méconnût les travaux antérieurs aux siens et qui, pour quelques-uns, se terminent par des conclusions fort nettes.

Je me suis reporté au texte lui-même et j'y ai lu : « *Vor meiner Veroffentlichung im Jahre 1889, hat kein Mensch auf dem Welt eine Ahnung da von gehabt dass durch die Lagerung einer schwangeren Frau die Maasse der Conjugala ihres Beckens beeinflusst werden konnen* [1]. »

Il me semble impossible de laisser passer cette proposition sans rappeler ici les remarquables recherches de Zaglas, mais surtout celles de Duncan, qui a très nettement vu, non seulement les modifications que les différentes positions de la femme sont susceptibles d'apporter aux dimensions du détroit supérieur, mais encore quelques-unes des conséquences qui en découlent au point de vue pratique.

Je lis, en effet, dans le mémoire de Duncan [2] :

« Les observations que j'ai présentées sur les mouvements dans les articulations du bassin, en dehors de la grossesse, prouvent immédiatement l'inanité des arguments à l'aide desquels on cherche à montrer qu'il n'existe naturellement aucune mobilité pendant la grossesse, et que, si des mouvements existent dans ces articulations, ils sont pathologiques. En nous fondant sur ce qui a été dit des modifications subies par les ligaments des articulations du bassin pendant la dernière moitié de la grossesse, nous pouvons, sans difficulté, affirmer que les os du pelvis possèdent alors des mouvements beaucoup plus libres et beaucoup

---

[1] « Avant ma publication en l'année 1889, aucun homme sur la terre n'a eu le soupçon que par la position d'une femme enceinte, les dimensions du conjugué de son bassin pouvaient être influencées. »

[2] Sur les articulations du bassin pendant l'accouchement : *Dublin Quarterley Journal of medical science*, août 1854. Traduction Budin, Paris 1876, pages 159 et suivantes.

plus étendus qu'à toute autre époque. Dans des cas très nombreux, dispersés dans la littérature obstétricale, ces articulations ayant été examinées après l'accouchement, les auteurs ont décrit leur mobilité, quelquefois même ils ont indiqué qu'elle était fort étendue...

« Ces mouvements peuvent être décrits comme consistant dans l'élévation et l'abaissement de la symphyse pubienne, les os iliaques étant mobiles sur le sacrum, ou bien, si on considère le sacrum lui-même comme mobile, cet os décrit un mouvement de

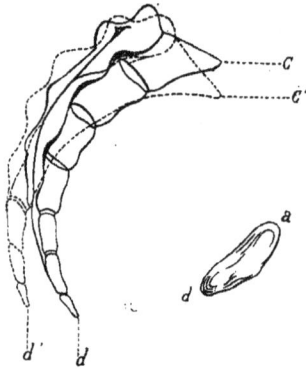

Fig. 1. — La figure montre le mouvement de nutation du sacrum pendant l'accouchement : a, d, est la symphyse pubienne supposée fixe ; c, d est le sacrum dans la position ordinaire ; les lignes pointillées C'D', le sacrum dans son mouvement de nutation extrême ; son promontoire est abaissé et porté en avant ; sa pointe est reportée en arrière de façon à produire une augmentation étendue du détroit inférieur (Duncan).

nutation sur une ligne transversale imaginaire passant par la deuxième vertèbre.

« Par suite de l'élévation de la symphyse pubienne (ou de l'inclinaison en avant du promontoire), l'angle d'inclinaison du pubis est moins considérable, et le diamètre conjugué du détroit supérieur est diminué de 4 ou même de 6 millimètres.

« Le diamètre correspondant du détroit inférieur est augmenté probablement d'une quantité double. Cette différence, entre les effets au détroit supérieur et au détroit inférieur, résulte de ce que le centre du mouvement est beaucoup plus rapproché du promontoire que de la pointe de l'os. Le promontoire, par conséquent, décrit un arc de cercle moins étendu que l'extrémité inférieure du sacrum.

« Les changements apportés par ces mouvements dans les dia-

mètres du détroit supérieur et du détroit inférieur ne sont pas
sans importance, au contraire ; tous les accoucheurs le reconnaî-
tront. Il reste à déterminer avec quels phénomènes de l'accouchement ces modifications correspondent. Nous avons déjà démontré
que, dans la position verticale, le détroit supérieur du bassin était
aussi grand que possible ; la symphyse du pubis est alors abaissée
et le détroit inférieur se trouve en conséquence diminué
d'étendue. Pendant la première période du travail, tandis que la
tête appuie sur le détroit supérieur, la femme est en général
debout, assise ou couchée sur le dos, ou bien dans une position
étendue qui ne nécessite aucun effort. Mais dès que la tête
est descendue dans l'excavation et qu'elle appuie sur le vagin,
qui est plus sensible, alors les contractions utérines sont
accompagnées d'efforts qui viennent les renforcer. Ces efforts
consistent en grande partie en des contractions puissantes des
muscles de la paroi abdominale antérieure qui ont pour effet,
particulièrement les muscles droits, d'élever la symphyse du
pubis, de porter en avant le promontoire, de rétrécir le détroit
supérieur, d'agrandir le détroit inférieur et de diminuer l'angle
d'inclinaison du bassin. La position que prendra la femme, pendant la seconde période de l'accouchement, contribuera à produire tous ces changements. Nous avons déjà montré, en effet,
que si le corps se penchait en avant, il en résultait l'éloignement
de la pointe du sacrum et l'agrandissement du détroit inférieur.
Il est curieux de voir que la femme pendant les efforts, dans la
seconde période de l'accouchement, plie et élève les jambes,
incline le tronc en avant et détermine ainsi, du côté du bassin, des
modifications qui, à ce moment, facilitent la descente du fœtus ».

J'ai cru devoir vous rapporter in-extenso le passage du
mémoire de Duncan qui me paraît le mieux répondre à la phrase
du rapport de M. Walcher à laquelle je faisais allusion tout à
l'heure. Je ne crois pas nécessaire d'insister plus longuement sur
ce point. Du reste, le rapport de MM. Bonnaire et Bué, qui vient
seulement de nous être distribué, suffit à fixer l'historique de cette
question.

II. — LES MODIFICATIONS DES DIAMÈTRES DU BASSIN DANS LES DIVERSES POSITIONS DE LA FEMME

J'ai l'honneur de vous rapporter le résultat des recherches que
j'ai faites sur ce point en 1880, alors que j'étais l'interne de
M. Tarnier.

Je les avais entreprises dans le seul but de contrôler les conclusions formulées par Duncan. Celles-ci m'ayant paru exactes, je n'avais pas cru devoir publier mes constatations.

Le but de mes recherches fut le suivant : rechercher les dimensions du diamètre promonto-sous-pubien dans trois attitudes :

1° Dans la position de la taille ;

2° Dans la position horizontale, jambes étendues ;

3° Dans l'hyperextension. Celle-ci était obtenue en approchant le sacrum de la femme du bord de la table sans le faire dépasser et en laissant pendre les jambes. Dans un cas, pensant aux recherches du vieux Séverin Pineau, je pendis le cadavre afin de déterminer les dimensions du détroit supérieur dans cette situation.

Je fis mes mensurations à l'aide d'une tige graduée formée de deux fragments pouvant rentrer l'un dans l'autre et dont je pouvais appliquer les extrémités sur le promontoire et sur la face postérieure de la symphyse en des points rigoureusement marqués à l'avance. J'ai, dans quelques cas, déterminé l'inclinaison du bassin dans les diverses positions à l'aide d'un clyséomètre que j'avais fait construire par Mathieu. Je pouvais ainsi, par la détermination de l'inclinaison du pelvis, fixer avec précision le degré d'extension dans lequel je plaçais le cadavre.

Voici les expériences que j'ai faites et leurs résultats :

Cas n° 1, 1ᵉʳ juin 1880.
Femme G... morte de fièvre puerpérale.

	I Cuisses fléchies	II Position couchée Jambes étendues	III Hyperextension
D. C. S..............	11.6	12.	12.2

Cas n° 2, 5 juin 1880.
Femme B... morte de fièvre puerpérale.

	I Cuisses fléchies	II Position couchée Jambes étendues	III Hyperextension
D. C. S..............	10.2	10.2	10.2
Inclinaison du détroit supérieur..........		22°	18°

Cas n° 3, 15 juin 1880.
Femme ostéomalacique.

	I	II	III	
	Femme couchée	Femme couchée	Hyperextension	Cadavre
	Cuisses fléchies	Jambes étendues		pendu
Inclinaison. Plan du détr. sup. $=$		45°	35°	
D. C. S.........	9.6	10°4	10°3	10°3
D. C. I.........	11.4	9°	8°8	
Bi-ischiatique ...		7°		
En pressant de dehors en dedans les crètes iliaques .... $=$		9°		
Id. de dedans au dehors...... $=$		4°		

Cas n° 4, 18 juin 1880.

Femme R... infection puerpérale. Bassin en entonnoir.

	I	II	III
	Femme couchée	Femme couchée	Femme couchée
	Cuisses fléchies	Jambes étendues	Hyperextension
Inclinaison du détr.sup.		30°	18°
D. C. S.............	11°2	11°4	11°8
D. bi-ischiatique......		8°8	8°

Cas n° 5, 19 juin 1880.

Femme C... morte de fièvre puerpérale.

	I	II	III
	Femme couchée	Femme couchée	Femme couchée
	Cuisses fléchies	Jambes étendues	Hyperextension
		25°	0°
D. C. S.............	11°8	12°	12.5

Cas n° 6, 17 février 1888.

Femme rachitique ayant succombé avec de la péritonite après une opération césarienne.

	I	II	III
	Femme couchée	Femme couchée	Femme couchée
	Cuisses fléchies	Jambes étendues	Hyperextension
D. C. S.............	6.3	6.5	6.7

Parmi ces faits déjà anciens, il en est deux qui méritent de retenir l'attention (n°ˢ 3 et 6); dans un de ces cas, en effet, le bassin était notablement vicié par ostéomalacie; dans l'autre par le rachitisme. Ce sont là précisément des cas dans lesquels on escompte le plus l'agrandissement des dimensions du diamètre conjugué supérieur obtenu par l'hyperextension de la femme.

Or qu'avons-nous relevé dans ces deux cas? Dans le premier

(n° 3, ostéomalacie), la mobilité des articulations sacro-iliaques était indiscutable ; on pouvait s'en rendre compte en pressant alternativement de dehors en dedans et de dedans en dehors, sur les crêtes iliaques. Si on exerçait sur ces dernières une pression de dehors en dedans, le diamètre bi-ischiatique était de 9 centimètres. En appuyant en sens inverse, il se réduisait à 4 centimètres. D'où, un écart de 5 centimètres.

Or, malgré une pareille mobilité, les modifications apportées aux dimensions antéro-postérieures du détroit supérieur par les attitudes données au cadavre, étaient loin d'osciller entre des chiffres aussi extrêmes. Le diamètre conjugué supérieur qui était de 9 c. 6 dans la position de la taille, était de 10 c. 1 dans la position horizontale, de 10 c. 3 dans l'extension. Ce chiffre était encore celui que nous trouvions en pendant le cadavre.

L'écart entre les deux positions extrêmes était donc seulement de 7 millimètres, de 2 millimètres entre la position horizontale avec jambes étendues et la position horizontale avec extension des membres inférieurs. Je dois vous faire remarquer que la dimension du diamètre conjugué inférieur oscillait en sens inverse, diminuant au fur et à mesure que le diamètre conjugué supérieur allait s'agrandissant. L'écart entre les deux termes extrêmes fut de 1 c. 6, soit environ le double de celui observé au détroit supérieur (7 millimètres).

Dans le second fait (n° 6, rachitisme), le diamètre conjugué supérieur varia de 4 millimètres, quand on fit passer le cadavre de la position de la taille à la position couchée avec extension des membres inférieurs.

Mais laissons ce qui a trait à ces deux faits particuliers et résumons les conclusions qui se dégagent de ces six faits.

Les oscillations du diamètre conjugué supérieur ont été :

Entre les deux extrêmes.

Deux fois 7 millimètres.
  Cas n° 3 ostéomalacie.
  Cas n° 5 bassin normal.
Deux fois 6 millimètres.
  Cas n° 4 bassin normal.
  Cas n° 1 bassin normal.
Une fois 4 millimètres.
  Cas n° 6 rachitisme.
Une fois aucun changement.
  Cas n° 2 bassin très légèrement rétréci.

Entre les positions II et III, femme couchée (II, membres étendus, et III membres dans l'hyperextension).

Une fois 5 millimètres.
  Cas n° 5 bassin normal.
Une fois 4 millimètres.
  Cas n° 4 bassin normal.
Trois fois 2 millimètres.
  Cas n° 3 ostéomalacie.
  Cas n° 6 rachitisme.
  Cas n° 1 bassin normal.
Une fois rien.
  Cas n° 2 bassin très légèrement rétréci.

Ces chiffres se rapprochent beaucoup de ceux qui se trouvent rapportés dans le mémoire de MM. Bonnaire et Bué.

Devons-nous les tenir comme représentant exactement ce qui se serait passé sur la femme vivante, au moment de l'accouchement? Toutes mes expériences ont été faites sur des cadavres qui n'étaient pas en état de rigidité cadavérique. Donc, de ce côté, il n'y avait pas de causes d'erreur; mais c'étaient des cadavres de femmes ayant accouché huit ou dix jours auparavant; il est possible que la mobilité des articulations se réduise très vite après la délivrance et soit déjà, quelques jours après celle-ci, moindre qu'au moment de l'accouchement. J'ai lieu de penser que cette réduction dans la mobilité des articulations n'est pas telle que les résultats eussent été sensiblement modifiés, si les expériences avaient été pratiquées sur des cadavres de femme mortes au moment même de l'accouchement.

Je n'ai, dans les expériences précédentes, examiné que les variations du diamètre conjugué supérieur. Il me paraît certain que, dans cet agrandissement du détroit supérieur, qui est le résultat de l'extension de la femme, il y a autre chose qu'une augmentation du diamètre conjugué supérieur. Le diamètre transverse et, par suite, les diamètres obliques doivent, eux aussi, être modifiés. Je n'en veux pour preuve que le cas n° 4 dans lequel le diamètre bi-ischiatique se réduisait de 8 c. 8 à 8 centimètres, tandis que la femme passait de la position horizontale avec membres inférieurs étendus à la même position avec membres inférieurs dans l'hyperextension, — les dimensions du diamètre conjugué supérieur s'accroissant de 4 millimètres. Il est logique de penser que cette diminution de 8 millimètres du diamètre bi-ischiatique avait pour contre-partie une augmentation de 4 à 5 millimètres (l'amplitude des variations du détroit supérieur étant environ de moitié inférieure à celle des variations du détroit inférieur) dans le diamètre transverse. C'est là un point sur lequel je ne puis apporter de renseignements précis, mais qui mériterait d'être étudié.

Les heureux résultats obtenus par certains opérateurs dans l'extraction de la tête fœtale, alors que la femme était placée dans l'extension, ne s'expliquent pas seulement par l'augmentation du seul diamètre conjugué supérieur; ils tiennent, sans doute, à une ampliation générale du détroit supérieur.

Mais il ne suffit pas, dans cette étude de l'influence exercée par les changements de position de la femme sur le bassin, de constater les modifications apportées à la forme de celui-ci. Il convient également de s'occuper des modifications apportées à l'inclinaison du bassin.

Elles varient notablement. Voyez, en effet, les constatations que j'ai faites à ce point de vue :

Dans un cas (n° 2), le plan du détroit supérieur faisait avec l'horizon un angle de 22°, alors que le cadavre était dans la position horizontale avec jambes étendues ; l'angle fut seulement de 18°, quand on mit le cadavre dans l'extension. Dans un second cas (n° 3), cet angle s'abaissa au cours du même mouvement de 45° à 35°. Dans un troisième cas (n° 4), l'inclinaison diminua dans de plus grandes proportions : de 30°, l'angle d'inclinaison du détroit supérieur passa à 18°. Dans un quatrième cas (n° 5), il était de 25°, le cadavre étant dans la position horizontale ; il n'était plus que de 10° quand le cadavre était dans l'extension.

Cette modification, dans l'inclinaison du détroit supérieur, est le résultat de l'action de deux facteurs : 1° l'exagération de la lordose lombaire ; 2° l'abaissement de l'arc antérieur du bassin, tiré en bas par les membres inférieurs.

De ces deux facteurs, le premier n'a qu'une action nulle ou négligeable sur la forme du détroit supérieur. Le second, au contraire, est le résultat de la bascule des os iliaques sur le sacrum immobilisé, et l'agent essentiel de l'agrandissement de ce détroit.

Il est donc intéressant de rechercher dans quelle mesure ces deux facteurs (lordose lombaire, bascule des os iliaques) interviennent quand un cadavre est placé alternativement dans la position de la taille, dans le décubitus dorsal, dans l'extension simple ou forcée. Les faits que j'ai observés sont trop peu nombreux pour que je puisse répondre avec netteté sur ce point. Cependant, tels qu'ils sont, ils permettent de relever quelques données intéressantes.

Dans tous ces faits, les variations de l'inclinaison ont été mesurées alors que le cadavre, placé dans la position horizontale, était porté dans l'extension.

Or, dans un cas (n° 2), l'inclinaison du pelvis, mesurée par celle du détroit supérieur, a passé par ce mouvement : de 22° à 18°, soit un abaissement de 4°. L'agrandissement du détroit supérieur a été nul. Tout le mouvement, ou à peu près, s'est donc passé dans la colonne lombaire.

Voyez les autres cas.

Cas n° 3 : la variation a été de 45° à 35°, soit un abaissement de 10° ; l'augmentation du D. C. S. a été 3 millimètres.

Cas nº 4 : la variation a été de 30° à 18°, soit un abaissement de 12°; l'augmentation du D. C. S. a été 4 millimètres.

Cas nº 5 : la variation a été de 25° à 10°, soit un abaissement de 15°; l'augmentation du D. C. S. a été 5 millimètres.

J'avais tiré de ces chiffres cette conclusion que si, en exagérant l'extension on augmentait l'ensellure lombaire, on provoquait et accentuait aussi le mouvement de bascule des os iliaques sur le sacrum. Ce mouvement d'extension avait pour effet immédiat d'augmenter les dimensions du bassin. Mais cet effet heureux de l'extension avait-il des limites?

J'ai pris le cas nº 5. L'inclinaison était telle que le détroit supérieur ne faisait plus avec l'horizon qu'un angle de 10°. J'ai lentement amené l'extension jusqu'à ce que le détroit supérieur devînt horizontal; dans ce mouvement j'avais eu soin de ne pas maintenir le tronc. Or, je ne vis se produire aucun changement dans les dimensions antéro-postérieures malgré l'augmentation de l'extension. J'interprétais ainsi, dès ce moment, la série de phénomènes que j'avais vu se produire. Le corps d'une femme étant placé dans le décubitus dorsal, si on fléchit doucement les cuisses, le premier effet produit est peut-être de faire basculer les os iliaques sur le sacrum; ce mouvement est minime; l'amoindrissement des dimensions du diamètre conjugué supérieur doit être minime également. Tout se passe, ou à peu près, dans la colonne vertébrale dont la lordose s'efface.

Sans doute, l'effacement de la lordose lombaire continue quand la flexion des membres inférieurs s'accentue; mais le mouvement de bascule des os iliaques se joint à lui et les dimensions du conjugué supérieur deviennent moindres. Il est vraisemblable que ce mouvement des os iliaques a des limites. Si on force la flexion, l'excès de flexion n'a d'autre effet que d'exagérer la disparition de la lordose lombaire; le mouvement des os iliaques sur le sacrum ne s'accentue sérieusement que si on exagère tellement la flexion des membres inférieurs, qu'on porte les cuisses sur les parties latérales du tronc. En un mot, il y aurait un premier temps où presque tout le mouvement se passe dans la colonne vertébrale; puis simultanément les mouvements se produisent dans la colonne vertébrale et dans le bassin; à un degré de plus, on agit surtout sur la colonne vertébrale (lombes et partie inférieure de la colonne dorsale). La flexion forcée seule agit de nouveau sur le bassin, on va vers l'entorse des symphyses sacro-iliaques.

Bien entendu, le retour à la position horizontale a pour effet des mouvements se produisant en sens inverse.

C'est ainsi qu'en partant de la flexion très marquée, on a tout d'abord des mouvements se produisant surtout dans la colonne vertébrale, simultanément dans la colonne vertébrale et dans le bassin, puis, dans la colonne vertébrale seule ; on verrait, à ce moment, se reproduire la lordose lombaire normale.

J'avais donc interprété de la manière suivante les effets produits sur le bassin par le passage du décubitus dorsal simple à l'extension et à l'hyperextension.

Le premier résultat de l'extension légère des membres a pour effet d'augmenter l'ensellure lombaire ; les dimensions du bassin ne varient guère : dès que l'ensellure s'est accentuée, la résistance ligamenteuse devient plus grande ; le mouvement d'extension a pour effet non seulement d'accentuer la lordose lombaire, mais encore de produire simultanément un mouvement des os iliaques: le bassin s'agrandit. Plus l'inclinaison augmente, plus les dimensions du diamètre conjugué s'accroissent.

Le fait n° 5, que je rapportais tout à l'heure, indique les limites de cet accroissement. En portant l'extension de telle sorte que l'angle passe de 25° à 10°, les dimensions du D. C. S. ne cessaient de s'accroître ; de 12° à 15°, elles avaient augmenté de 5 millim. Mais, en poussant plus loin l'extension, sans fixer le tronc, en laissant toute liberté aux mouvements de la colonne vertébrale, le détroit supérieur était devenu horizontal ; j'ai mesuré le diamètre conjugué supérieur : il n'avait pas varié. Tout le mouvement s'était donc de nouveau produit dans la colonne vertébrale.

Deux conclusions se dégagent de ce qui précède :

1° L'extension des membres inférieurs a pour effet de produire un accroissement des dimensions du détroit supérieur. Mais il est inutile de porter les membres inférieurs dans une hyperextension forcée. Le nouvel accroissement des dimensions au détroit supérieur obtenu grâce à cet excès d'extension est très minime.

2° L'extension a pour effet de modifier l'inclinaison du bassin. Le plan du détroit supérieur tend à se rapprocher de l'horizontale.

III. — APPLICATIONS DES DONNÉES PRÉCÉDENTES A LA PRATIQUE OBSTÉTRICALE

Tels sont les faits que j'ai observés. Je me suis attaché à les retenir dans la pratique de la version à laquelle, malgré l'ostracisme dont on a voulu la frapper, j'ai toujours eu volontiers recours dans les cas de rétrécissement pelvien. Je ne ferai allusion, dans ce qui va suivre, qu'à cette opération.

Je me suis donc appliqué 1° à profiter de l'agrandissement du détroit supérieur que donne l'extension sans dépasser les limites au delà desquelles je redoutais une véritable entorse des articulations sacro-iliaques; 2° mais aussi à éviter les difficultés qui découlent, au moment des manœuvres d'extraction, de la bascule du bassin.

Je place donc la femme le siège soulevé par de nombreux coussins; sa position se rapproche de celle de Trendelenbourg. Ma pratique se rapproche donc de celle qui a été préconisée par Dickinson [1]. Grâce à elle, l'inclinaison du détroit supérieur par rapport à l'horizon reste assez considérable.

Bien entendu, les cuisses ne sont pas portées dans l'extension pendant la version proprement dite; elles ne le sont que pendant l'extraction. A ce moment, les aides portent les cuisses en dehors et appuient légèrement sur elles, ou mieux se contentent de les maintenir écartées en ne les soutenant pas ou en les soutenant à peine. L'extension est donc moindre que dans la position de Walcher proprement dite.

J'estime cette position très avantageuse. Grâce à elle, bien des difficultés dans la recherche des pieds, dans l'évolution du fœtus, difficultés tenant à l'antéversion de l'utérus, sont diminuées. De plus les difficultés parfois si grandes qu'on éprouve dans la position de Walcher par suite de bascule du bassin, à abaisser le menton, à bien diriger la tête, en un mot à faire les manœuvres d'extraction se trouvent évités.

Telle est la technique que j'ai adoptée. Elle m'a rendu de grands services; je suis convaincu que l'agrandissement du détroit supérieur, obtenu par cette attitude — (agrandissement qui porte sur le détroit supérieur dans le diamètre conjugué, mais bien probablement aussi dans le diamètre transverse) — m'a permis de terminer heureusement la version dans bien des cas où, sans son secours, j'eusse échoué.

Je conclurai donc de ce qui précède que le bénéfice tiré de l'agrandissement du bassin par l'extension, est bien réel; il facilite la version dans le cas de bassin rétréci; il contribue par suite à étendre les indications de cette opération et à éviter, dans certains cas, de recourir à la symphyséotomie.

Mais cet agrandissement est-il tel, même si on le pousse à ses extrêmes limites par l'extension forcée de la femme, qu'on doive

[1] DICKINSON, The conclused Trendelenburg-Walcher position in obstetric operating. *The Americ. Journ. of Obst.* XII, 1898.

considérer la version comme devant devenir toujours ou presque toujours l'opération de choix dans le cas de dystocie pelvienne?

Ce serait, à mon sens, se montrer beaucoup trop optimiste. Les aléas de la version, dans le cas de rétrécissement pelvien, ne découlent pas seulement des difficultés qu'on devra rencontrer dans l'extraction d'une tête dernière plus ou moins volumineuse à travers un détroit supérieur rétréci et seul rétréci.

La version aura toujours contre elle les risques qui dérivent de la résistance des parties molles. On sait ce qu'elle peut être chez les primipares. Même chez les multipares, elle n'est pas toujours chose négligeable, quand le bassin est généralement rétréci.

Enfin, si par l'extension de la femme, on peut agrandir le détroit supérieur, on ne doit pas oublier que, dans la plupart des cas où la symphyséotomie s'impose, le bassin est non seulement rétréci généralement dans son détroit supérieur, il l'est encore dans l'excavation; le bénéfice à tirer de l'extension de la femme se réduit alors dans de très notables proportions.

Tenons donc la position dite de Walcher, celle moins accentuée que j'emploie depuis longtemps et que je crois suffisante et préférable, pour des manœuvres excellentes, permettant de réussir dans certains cas où, sans leurs secours, on eût échoué.

Disons que leurs heureuses conséquences s'observeront surtout lorsque le bassin sera seulement rétréci dans son détroit supérieur, lorsque la disproportion entre la tête fœtale et le bassin ne sera pas trop grande, et que les parties molles ne seront capables de créer aucune difficulté.

Mais reconnaissons que, dans tous les cas où le bassin est canaliculé, dans tous ceux où les parties molles sont résistantes, la version reste, même avec ces manœuvres d'extension, une opération qui fait courir trop de risques sérieux à l'enfant. De ce chef, elle devra souvent céder le pas à d'autres interventions.

Paris. — Imprimerie F. Levé, rue Cassette, 17.

www.ingramcontent.com/pod-product-compliance
Lightning Source LLC
Chambersburg PA
CBHW050454210326

41520CB00019B/6201